Bibliografische Information der Deutschen Nationalbibliothek:

Die Deutsche Bibliothek verzeichnet diese Publikation in der Deutschen National-
bibliografie; detaillierte bibliografische Daten sind im Internet über http://dnb.d-
nb.de/ abrufbar.

Impressum:

Copyright © 2015 GRIN Verlag, Open Publishing GmbH
Druck und Bindung: Books on Demand GmbH, Norderstedt Germany
ISBN: 978-3-668-07038-7

Dieses Buch bei GRIN:

http://www.grin.com/de/e-book/308245/die-entdeckung-der-chladnischen-klangfi-
guren-urspruenge-und-weiterentwicklung

Frank Findeiß

Die Entdeckung der Chladnischen Klangfiguren. Ursprünge und Weiterentwicklung im historischen Kontext

GRIN Verlag

Frank Findeiß

Die Entdeckung der Chladnischen Klangfiguren –
Ursprünge und Weiterentwicklung im historischen Kontext

F14 Musik – Instrumente – Livemusik – Tonträger

Stand: Lüneburg, Juni 2009

Inhaltsverzeichnis

1 Vorväter der Chladnischen Klangfiguren

Das physikalische Phänomen der sogenannten „Chladnischen Klangfiguren" (die nach dem Physiker und Astronomen Ernst Florens Friedrich Chladni (30.11.1756 – 03.04.1827) benannt sind), ist dem Gebiet der Akustik zuzuordnen. Dabei handelt es sich allgemein um Experimente zur Sichtbarmachung von Schall(wellen). Chladni führte hierbei Versuche durch, mit denen er sich auf eine Beobachtung des Mathematikers und Experimentalphysikers Georg Christoph Lichtenberg (01.07.1742 – 24.02.1799) stützte, der seinerseits bereits mit Elektrizität experimentierte und den Elektrophor (eine Influenzmaschine zur Erzeugung hoher Spannungen) entwickelte – wobei im weitesten Sinne bereits Leonardo da Vinci (15.04.1452 – 02.05.1519), Galileo Galilei (15.02.1564 – 08.01.1642) und Robert Hooke (28.07.1635 – 14.03.1703) genannt werden müssten, die Vorreiter auf diesem Gebiet mit wesentlich einfacheren Mitteln waren[1]. Im Jahre 1777 entdeckte Lichtenberg auf dem Staub einer Isolatorplatte des Elektrophors sternförmige Muster (die sog. Lichtenberg-Figuren).

2 Chladnis Klangplatten – Beschreibung des Versuchaufbaus

Diese zufällig entstandene Anordnung (der Lichtenberg-Figuren) bzw. ihre Entdeckung inspirierte Chladni dazu, solche Figuren selbst erzeugen zu wollen. Hierzu nahm er eine dünne Platte (als Äquivalent zur Isolatorplatte bei Lichtenberg) und bestreute diese mit Quarz-Sand (als Äquivalent zum Staub). In seiner aus diesen Versuchen 1787 entstandenen Schrift „Entdeckungen über die Theorie des Klanges" hielt er fest, dass Glasscheiben als Platten am effizientesten seien, da diese die glatteste Fläche böten. Explizit schreibt Chladni: *„Glasscheiben werden immer die besten seyn, weil man Scheiben von Metall, oder von irgend einer anderen Materie schwerlich so regelmäßig haben kann"*[2]. Dennoch wurden klassischerweise

---

[1] Abgefragt am 31.03.2015 von
http://www.cymascope.com/cyma_research/history.html
[2] Abgefragt am 31.03.2015 von http://www.windmusik.com/html/chladni.htm

später überwiegend Metallplatten verwendet. An dieser Stelle seien zwei historische Beispiele von Chladni-Klangplatten dargestellt:

Nachdem Chladni die Platte mit Sand bestreut hatte, nahm er einen Geigenbogen, den er zuvor mit Kolophonium (einem Baumharz) eingewachst hatte, und strich in einer gleichförmigen Art und Weise am Rande der Platte entlang, um einen gleichförmigen Ton bzw. eine gleichförmige Schwingung („Mode") zu erzeugen. Der Sand formierte sich nun zu Mustern, die sich veränderten, sobald ein anderer Ton „angeschlagen" bzw. eine schnellere oder langsamere Schwingung erzeugt wurde. Die Muster kommen dadurch zustande, dass sich der Sand durch die Schwingung unterschiedlich gruppiert. Diese Gruppierungen sind das Resultat einer sog. stehenden Welle, die wie folgt beschrieben werden kann:

Wenn eine Platte in Schwingung gebracht und dabei eine bestimmte Frequenz gehalten wird, entstehen zunächst einmal sog. Wellentäler und -berge (auch Schwingungsbäuche genannt). Der Abstand zwischen tiefstem Punkt des Wellentals und höchstem Punkt des Wellenbergs wird Amplitude der Schwingungsfrequenz genannt. Ferner sind die Wellenberge und -täler infolge der Schwingung in Vibration befindlich, bewegen sich also. Zum anderen entstehen an den Punkten, wo ein Wellental in einen Wellenberg übergeht sog. Wellen- bzw. Schwingungsknoten, an denen sich keine Vibration messen lässt, also keine Bewegung stattfindet. Diese Wellenknoten entsprechen in einem klassischen Koordinatensystem mit X- und Y-Achse dem Nullpunkt auf der X-Achse (in der folgenden Darstellung also dort zu sehen, wo die Wellen sich am horizontalen Pfeil überschneiden).

---

[3] Abgefragt am 31.03.2015 von
http://physics.kenyon.edu/EarlyApparatus/Acoustics/Chladni/Chladni.html

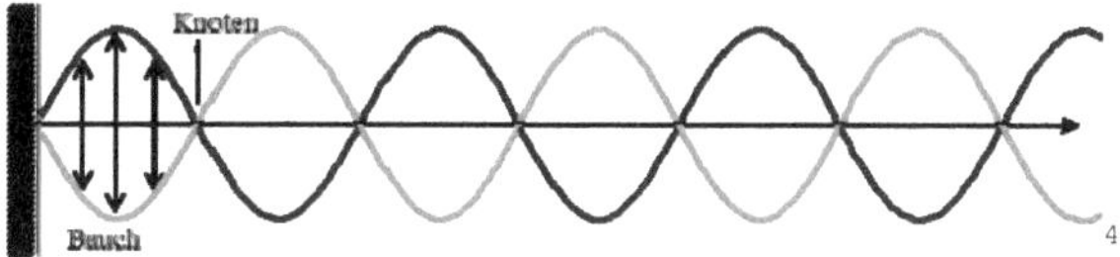

Der Sand wird nun durch die Vibration (Schwingung) der Wellentäler und -berge auf die Knotenpunkte geschoben/ gestoßen und bleibt dort liegen, wobei entsprechende Muster entstehen[5]. Wie in den obigen Darstellungen der Chladnischen Platten zu sehen, gibt es rechteckige (vornehmliche quadratische), wie auch runde Platten, was dazu führt, dass bei gleicher Frequenz auf quadratischen Platten andere Muster zu sehen sind, als auf runden Platten. Von daher kann also festgehalten werden:

Die entstehenden **Muster** sind …:

1. von der **Frequenz der Schwingung** abhängig (sprich: unterschiedliche Frequenzen erzeugen unterschiedliche Muster)
2. von der **Form der Platte** abhängig (sprich: auf rechteckigen Platten werden andere Muster erzeugt, als auf runden (oder auch anders geformten), selbst wenn bei beiden die gleiche Frequenz die Schwingung erzeugt)
3. von dem **Material der Platte** abhängig (wie wir bereits festgestellt haben, gab es Glasplatten sowie Metallplatten, als auch andere Materialien (wie etwa Holz), die als Unterlage ausprobiert wurden und die ihrerseits dem darauf verstreuten Material (bei Chladni eben Quarz-Sand) einen unterschiedlichen Widerstand entgegenbrachten, was sich wiederum auf die Schwingung auswirkt) sowie
4. von der **Art des Trägermaterials** abhängig (neben Quarz-Sand bei Chladni wurde auch Salz, Reis, ein Gemisch aus Salz und Schmirgel sowie Grieß, Lycopodium, Ruß und diverser Staub verwendet).

Folgende Aufnahmen von Versuchen geben einen Eindruck von den entstandenen Mustern bei quadratischen und runden Platten:

---

[4] Abgefragt am 31.03.2015 von http://www.chemgapedia.de/vsengine/glossary/de/stehende_00032welle.glos.htm l
[5] Zum Thema stehenden Welle s. auch: http://www.walter-fendt.de/ph14d/stwellerefl.htm, abgefragt am 31.03.2015

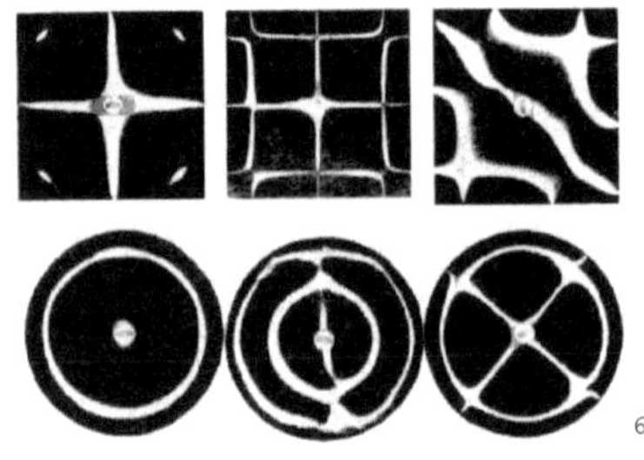

6

Chladni selbst hatte in seiner o. g., 1787 entstandenen Schrift diverse Muster für quadratische und runde Platten abgebildet, die hier auszugsweise gezeigt werden sollen, daneben weitere sechseckige, eliptische, halbrunde, dreieckige und rechteckige Platten:

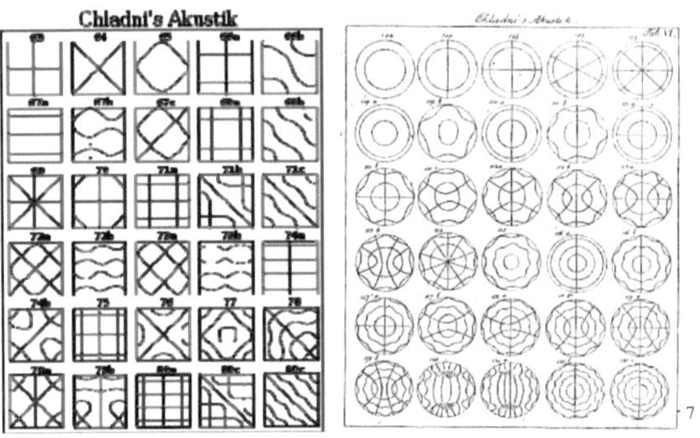

7

Beispielhaft seien hier noch aktuellere Fotos von einem Oktagon bzw. einem Dreieck gezeigt:

8

---

[6] Abgefragt am 31.03.2015 von http://www.tf.uni-kiel.de/matwis/amat/mw1_ge/kap_2/illustr/i2_1_2.html
[7] Abgefragt am 31.03.2015 von http://www.windmusik.com/html/chladni.htm
[8] Ebd.

3 Chladnis weitere Forschung

In der Folgezeit nach der Veröffentlichung seiner Studien zu diesem Versuch entwickelte Chladni weitere Schall-Experimente und entwarf dabei noch zwei Musikinstrumente, zum einen 1789/90 das Euphon und zum anderen 1799 den Clavicylinder. Das Euphon war eine Art Urorgel, die aus Glasstäben bestand. Diese wurden durch Reiben mit nassen Fingern in eine Längsrichtung zum Schwingen gebracht. An die Glasstäbe waren Platten oder Röhren gekoppelt, die ihrerseits durch die erzeugte Vibration mit den Glasstäben zum Schwingen gebracht wurden. Es enstand ein orgelähnlicher Klang. Der Clavicylinder war eine Weiterentwicklung des Euphons, bei dem in erster Linie eine Klaviatur dazukam. Ein Zylinder aus Glas oder Zink wurde dabei mit einem Fußpedal zur Rotation gebracht und verschieden gestimmte Metallstäbe, die nun an dem Zylinder vorbeistrichen, erzeugten durch die dadurch entstehende Reibung entsprechende Klänge. (Aus dem Clavicylinder ging wiederum das Melodion (1806), das von einem Mechaniker namens Dietz aus Emmerich entwickelt wurde sowie das Terpodion (1810), entwickelt von dem Instrumentenbauer Johann David Buschmann (12.01.1775 – 29.05.1852), hervor.) Im Folgenden ein Bild eines Clavicylinders:

9

---

9 Abgefragt am 31.03.2015 von
http://www.europeana.eu/portal/record/09102/_ULEI_M0000354.html

4 Die Weiterentwicklung des Chladnischen Versuchs – Margaret Watts-Hughes und ihr „Eidophon"

Auf Chladnis Erkenntnissen aufbauend, wurden neue Apperaturen entwickelt, die den Schall einfangen und sichtbar machen sollten. So entstand 1885 das von der Waliserin Margaret Watts-Hughes (gestorben 1907) konstruierte Eidophon. Dabei handelte es sich um einen Resonanzkörper aus Holz, der einem großen Blumentopf ähnelte. Über dessen Öffnung wurde eine Gummimembrane gespannt, auf der **Salz als Träger** zur Sichtbarmachung der Schwingung verstreut wurde. An dem Resonanzkörper war ein Schlauch angebracht, in den man hineinsingen konnte. Durch die Schwingungen, die der Gesang auslöste, wurde nun das Salz in ähnlichen Mustern angeordnet, wie bei Chladnis Experimenten der Sand.

Ein eindrucksvolles Dokument dieses Versuches lässt sich unter dem Link

https://www.youtube.com/watch?feature=player_embedded&v=yH-LSXE5LGA

oder: https://vimeo.com/10689468

bewundern. Ihre Forschungen fasste Watts-Hughes dazu in dem Buch „The Eidophone – Voice figures. Geometrical and natural forms, produced by vibrations of the human voice" (1904) zusammen.

5 Die Weiterentwicklung des Chladnischen Versuchs – Henry Holbrook Curtis und sein „Tonograph"

Anknüpfend an das Experiment von Hughes erfand der US-amerikanische HNO-Arzt und Stimmtherapeut Henry Holbrook Curtis (15.12.1856 – 14.05.1920) den Tonographen, mit dem erstmals die darauf entstandenen Muster fotografisch festgehalten werden konnten. Der Tonograph ähnelte der Beschreibung nach (bzw. wie in den Bildern unten zu sehen ist) einem Grammophon und setzte sich ursprünglich aus einer metallischen Röhre zusammen, die nach oben gebogen war und an deren oberen Ende sich ein Schalltrichter befand, der mit einer Membran überspannt war. Auf diese Membran wurde ein Gemisch aus Salz und Schmirgel aufgebracht, das sich beim Hineinsingen in die Röhre in Chladnische Figuren verwandelte. Durch seine Zusammenarbeit mit Sängerinnen und Sängern an der Metropolitan Opera konnte Curtis diese Kontakte nutzen, um Muster einsingen zu lassen, die fotografisch festgehalten wurden. Dabei stellte er fest, dass die Muster zwar im großen und ganzen hinsichtlich eines bestimmten Tones gleich waren, sich aber durch die individuelle Modulation des Tones leicht unterschieden. Ein Wiener Patentbüro hielt dazu anhand der Fotos 1897 fest: *„Die Bilder können als Modelle für Gesangsübungen dienen, die der Schüler, der in einen gleichgestalteten Apparat singt, durch Bringen desselben Tones, zu erreichen streben muss"*[10].

Hier zwei Beispiele etwas modernerer Tonographen nach der Zeit Curtis':

Curtis hatte sich in seiner Tätigkeit intensiv mit Stimmtraining beschäftigt und hierüber ein über seinen Tod hinausgehendes Standardwerk mit dem Titel: „Voice building and tone placing – Showing a new method of relieving injured vocal cords by tone exercises" (1896) geschrieben.

---

[10] Abgefragt am 31.03.2015 von
http://sciencecoustics.com/category/akustikphaenomene/c10-akustikphaenomene/
[11] Abgefragt am 31.03.2015 von
http://www.radiomuseum.org/r/metallopho_tonograph_repo.html
[12] Abgefragt am 31.03.2015 von
http://de.wikipedia.org/wiki/Henry_Holbrook_Curtis

6 Die Weiterentwicklung des Chladnischen Versuchs – Hans Jenny, die Kymatik und sein „Tonoskop"

Im 20. Jahrhundert entwickelte ab 1958 der Schweizer Arzt, Maler und Naturforscher Hans Jenny (16.08.1904 – 23.06.1972) mit unmittelbarem Bezug auf Chladni dessen Forschungen weiter und rekurrierte dabei auch auf die Vorarbeiten von Galileo Galilei und Robert Hooke, wie seinerzeit Chladni selbst. Um seinen Arbeiten vermutlich eine noch stärkere wissenschaftliche Wirkungskraft zu verleihen, verwendete er für die Forschung des Chladnischen Klangwellen-Phänomens den Begriff Kymatik, den er aus dem Griechischen entlehnte (griechisch: Kyma = Welle/ Schwingung). Was die Gestalt eines Apparates anging, entwickelte er zunächst in Anlehnung an Watts-Hughes das Eidophon weiter und nannte es desweiteren in Anlehnung an Curtis' Tonographen ganz einfach Tonoskop, welches eine gießkannenähnliche Form besitzt.

An dieser Stelle sei ein Link erwähnt, der eindrucksvoll ein originalgetreues Tonoskop im Sinne Hans Jennys zeigt, vorgestellt von Christiaan Stuten, dem langjährigen Assistenten Jennys:

https://www.youtube.com/watch?v=JHKUvxmN-wk

Bis in die 90er Jahre hinein wurde das Tonoskop auch im Musikunterricht verwendet, wie bspw. durch den Schweizer Musikpädagogen Kurt Heckendorn (29.09.1936)[13].

7 Hans Jennys piezoelektrische Methode (Versuchsaufbau)

Die entscheidende Weiterentwicklung Jennys gegenüber Chladni aber war es, dass er eine wesentlich genauere und bessere Methode entwickelte, die Chladnischen Klangfiguren entstehen zu lassen (während Chladnis einfache "Geigenbogenmethode" sei-

---

[13] Abgefragt am 31.03.2015 von https://www.so.ch/verwaltung/departement-fuer-bildung-und-kultur/amt-fuer-kultur-und-sport/kulturfoerderung/auszeichnungspreis/2009/

ner Meinung nach keine nach den Maßstäben moderner Naturwissenschaft akzeptablen und reproduzierbaren Ergebnisse liefern konnte). Hierzu brachte er an einer Metallplatte piezoelektrische Kristalle[14] an, die er mit Generatoren verband und unter Strom setzte. Die Kristalle fangen unter Strom an zu schwingen und bringen ihrerseits die Metallplatte zum Schwingen, so dass eine wesentlich größere und zugleich dosierte, also fokussierte Energie die Platte zum Schwingen anregt und somit feinere und differenziertere Muster auf der Platte zustande kommen. Hier ein Versuchsaufbau, der dies deutlich werden lässt. Jenny verwendete dabei zunächst Grieß als Trägermaterial:

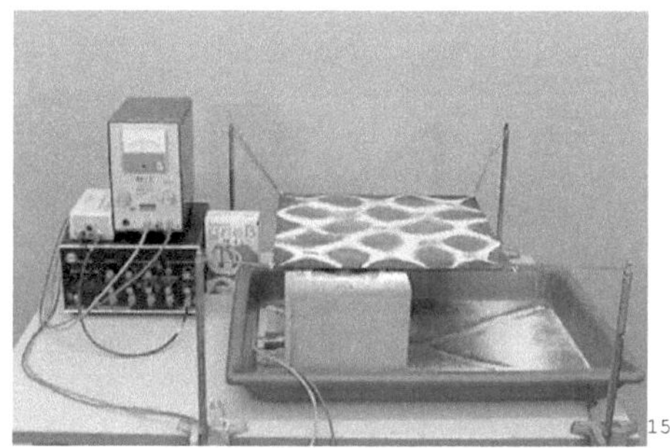

15

Im Weiteren verwendete Jenny neben Grieß oder Sand auch Blütenstaub, genauer gesagt Lycopodium (die Sporen der Bärlapppflanze, die ihrerseits als Trägermaterial der Schwingung auch feinere Muster abbilden konnte). Jenny konnte durch viele Experimente nachweisen, dass, je höher der Ton, desto feiner und komplizierter bzw. differenzierter die Muster wurden. Zur Verbesserung der Chladnischen Methode heißt es an einer Stelle: *„Mit Hilfe eines Generators lassen sich dabei Frequenz und Stärke der Schwingung exakt steuern. Außerdem benutzte Hans Jenny verschiedene Membranen, die direkt oder indirekt durch Lautsprecher angeregt wurden. Auf diese Weise konnte er auch die Schwingung der menschlichen Stimme in Klangfiguren umsetzen. Hans Jenny verwendete eine Fülle verschiedener Substanzen für seine Experimente: Quarzsand und Lycopodium, Flüssigkeiten (wie z.B. Alkohol, Wasser, Glyzerin, Parafinöl oder Eiklar),*

---

[14] Zum piezoelektrischen Effekt s.
http://www.thch.uni-bonn.de/pctc/bargon/sensorik/Piezoelektrizitaet.html, abgefragt am 31.03.2015
[15] Abgefragt am 31.03.2015 von http://vorsam.uni-ulm.de/ASP/OArchiv_Images.asp?OrdnungsNr=SW-011

ferner pastose, breiartige Gemenge aus Gips oder Kaolinerde, und Eisenstaub, der in einem Magnetfeld in Schwingung versetzt wurde und dabei wandernde und in den Raum hinausgreifende Gebilde formte"[16].

Daraus entstanden dann Aufnahmen, wie die folgenden[17]:

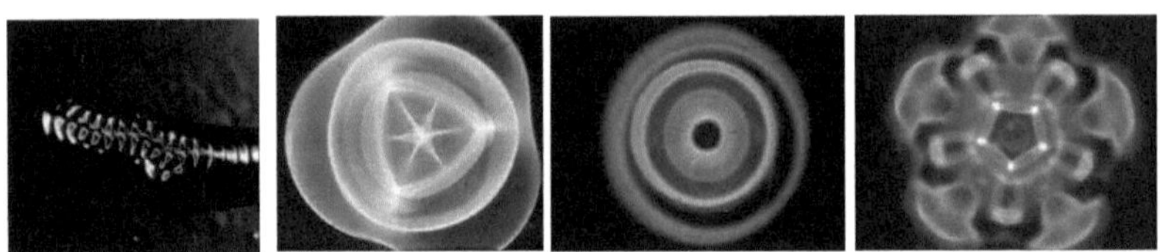

Hans Jenny fasste seine Erkenntnisse 1967 in dem Buch „Kymatik: Wellenphänomene und Schwingungen" zusammen, das zuletzt 2009 in aktueller Auflage vorlag.

8 Das Chladnische Klangwellen-Prinzip im Instrumentenbau

Um nun noch einmal die Forschung Chladnis mit den neueren Erkenntnissen Jennys in Zusammenhang zu bringen, sei erwähnt, dass sich der Instrumentenbau quasi in der Anwendungspraxis dieser Ergebnisse das Prinzip der Chladnischen Figuren zunutze machte: Während Chladni bereits verschiedene Formen auf Muster hin untersuchte, die diese hervorbrachten und Jenny zur frequenzgenauen Bestimmung von Mustern auf Platten Elektrizität einsetzte, mithilfe derer Platten in Schwingung gebracht wurden, wurden diese Erkenntnisse vereinzelt auch im Gitarren- bzw. Geigenbau eingesetzt, um ideale Schwingungsverhältnisse (quasi präzise Messungen der Eigenfrequenzen) von Gitarren- bzw. Geigendecken durchführen und nachweisen zu können. Dazu wird die Gitarren-/ Geigendecke so befestigt, dass sie frei schwingen kann. Die Decke wird dabei über einen Lautsprecher, der mit einem Frequenzgenerator verbunden ist, in Schwingung versetzt, indem entsprechende

---

[16] Abgefragt am 31.03.2015 von http://www.reinhard-eichelbeck.de/projekte.html
[17] Ebd.

Frequenzen durch den Lautsprecher ertönen. Da jeder Frequenz ein bestimmtes Muster zugeordnet werden kann, das dann auf der Decke entsteht, kann man somit die ggf. idealen Schwingungsverhältnisse (eines gelungenen Baus einer Gitarrendecke) nachweisen. In der folgenden Abbildung sind Muster für bestimmte Frequenzen auf einer Gitarrendecke abgebildet:

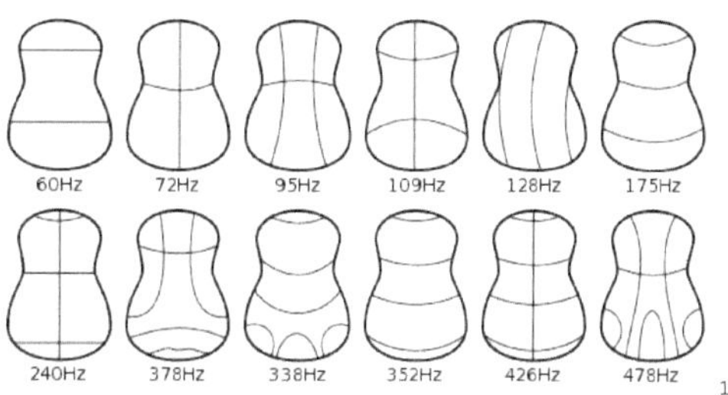

Eine sehr ausführliche Schilderung dieses Verfahrens wird auf folgender Seite unter der Überschrift „Chladni modes" gegeben:

http://www.patrick-hoss.de/category/gitarreninfos/page/8/

9 Flüssigkeiten als Materialien zur Sichtbarmachung von Schallwellen

Ein weiterer Aspekt, den Hans Jenny miteinbrachte gegenüber Chladni war ein von seiner Konsistenz her völlig anderes Material, mit dem er experimentierte, nämlich Wasser, also anstelle von festem Material, flüssiges Material. Wenn man von (Quarz-)Sand, Salz, Blütenstaub oder Ruß spricht, dann sind dies Produkte der Erde, so dass mit Wasser ein weiteres Naturelement ins Spiel kommt und man vermuten kann, dass auch Feuer (sprich: Licht) und Luft (sprich: gasförmige Stoffe) Materialien sind, die Schall sichtbar machen können. Jennys Augenmerk galt vornehmlich in erster Linie neben den erdgebundenen Stoffen dem Wasser bzw. Flüssigkeiten. Hierzu heißt es an einer Stelle zu Jenny: *„Schwingendes Glyzerin erzeugt Muster, die an Wirbeltierskelette erinnern. Breiartige*

---

[18] Abgefragt am 31.03.2015 von
http://de.wikipedia.org/wiki/Chladnische_Klangfigur

Gemenge bilden Formen, die Muschelschalen oder Schneckengehäusen ähneln. Mit einer zähen Flüssigkeit vermischtes Eisenmehl formt sich, in einem Magnetfeld schwingend, zu räumlichen Gebilden mit pflanzenhaften Strukturen"[19].

10 Die Fortführung der kymatischen Lehre – Alexander Lauterwasser (Wasserforscher)

Der Wasserforscher und Medienkünstler Alexander Lauterwasser (geboren 1951) steht in den Fußstapfen Jennys und hat dessen Forschungen mit Schwingungen in Wasser/ Flüssigkeiten fortgeführt. Er sieht sich auch in der Tradition der kymatischen Lehre, wie man seiner Homepage entnehmen kann[20].

Einen Eindruck von seiner Arbeit und der Übertragung des Chladnischen Klangwellen-Prinzips auf das Element Wasser kann man folgendem Link entnehmen:

https://www.youtube.com/watch?v=yp74EIb6P-g

Auch Wasserstrahlen an sich können, wenn sie mit einer entsprechenden Apparatur, die Frequenzen aussendet, an einem Wasserschlauch abgelenkt werden, eigene Muster (Gebilde) erzeugen, wie man folgendem Video entnehmen kann:

http://stohl.de/wordpress/?p=140571

11 Versuche mit weiteren Naturelementen zur Sichtbarmachung von Schall

Das Naturelement Feuer wird im weitesten Sinne zusammen mit dem Naturelement Luft (wenn man Gas als eine Untergattung davon betrachtet) über Schwallwellen durch das Rubenssche Flammenrohr sichtbar gemacht, das nach dem deutschen Physiker Heinrich Rubens (30.03.1865 – 17.07.1922) benannt wurde. Es handelt sich dabei um ein Stahl- oder Metallrohr, in das auf

---

[19] Abgefragt am 31.03.2015 von http://www.reinhard-eichelbeck.de/projekte.html
[20] Abgefragt am 31.03.2015 von http://www.wasserklangbilder.de/

einer Längsseite eine große Anzahl an kleinen Löchern einge-
bracht ist. An einer Öffnung am Ende des Rohres wird eine
Membran angebracht, durch die Öffnung des anderen Endes ver-
läuft ein Kolben durch das Rohr, der sich verschieben lässt.
Wenn nun die Membran in Schwingung gebracht und dabei sowohl
der Kolben bewegt als auch das durch das Rohr strömende Gas
über die längsseitigen Öffnungen des Rohres angezündet wird,
erzeugen die daraufhin entstehenden Flammen Muster, die einer
stehenden Welle entsprechen, wie sie im Rohr durch die mithilfe des Kolbens erfolgende Komprimierung des strömenden Gases
entsteht.

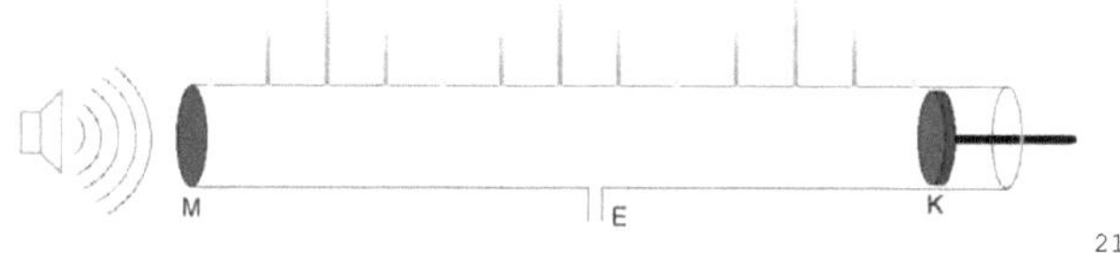

Beispielhaft sei hier folgendes Video empfohlen:

https://www.youtube.com/watch?v=BbPgy4sHYTw

Abschließend sei lediglich abkürzend noch erwähnt, dass auch
mithilfe von Licht Töne sichtbar gemacht werden können, wie
man   unter
http://www.kinderbrockhaus.de/spielen/experimentarchiv_detail.
php?experimentId=23 nachlesen und sehen kann.

12 Ausblick: Goethes Naturalismus und der Goe-
theanismus – Chladnis Klangfiguren als
Schöpfungsmysthos

Um den Kreis zum Anfang des Vortrages wieder zu schließen sei
noch einmal auf die Geistesverwandtschaft Chladnis und Jennys
zueinander eingegangen. Hierzu lässt sich folgende Stelle zi-
tieren: *„Chladni hat uns auf einfache Weise gezeigt, dass unsere ganze Umgebung (von der Anordnung der Elementarteilchen*

---

[21] Abgefragt am 31.03.2015 von
http://de.wikipedia.org/wiki/Rubenssches_Flammenrohr

in den Atomen über unsere Umwelt bis hin zum Weltall, dass all dieses) eingebunden ist in solche klangartigen Strukturen (siehe auch Hans Jennys Buch „Kymatik: Wellenphänomene und Schwingungen"); Stichworte sind Chaostheorie, Selbstordnungskräfte etc. Überall in der Natur entdecken wir bei näherem Hinsehen diese Strukturen – vielleicht ist die empfundene Schönheit beim Hören einer Melodie oder beim Betrachten von Rippelmustern am Sandstrand des Meeres jedesmal eine Art „Déja-vu" für unser Gehirn, eine Begegnung mit seinen eigenen Bau-Prinzipien, den Urgesetzen des Lebens?"[22]. Geleitet haben mag bei ihren Versuchen beide Forscher hierbei das Naturverständnis in der Tradition Johann Wolfgang von Goethes (28.08.1749 – 22.03.1832), das einem Naturalismus holistischer Prägung entspricht. Chladni war seinerzeit selbst Zeitgenosse Goethes und stand mit ihm in Kontakt, ja Goethe war sogar ein Fürsprecher Chladnis (bei der Besetzung einer universitären Festanstellung[23]). Jenny hatte das aus diesen beiden Denkern resultierende Verständnis fortgeführt und wissenschaftlich verfeinert, steht dabei allerdings eher einem Goetheanismus nahe, der aus dem Gebiet der Anthroposophie Rudolf Steiners (27.02.1861 – 30.03.1925)[24] heraus entstanden ist, so dass wir demnach in einen esoterisch angehauchten Schöpfungsmythos hineinkommen, in dem es zu einem Vergleich kommt bzw. Parallelitäten angestellt werden, nach dem Motto: Alles Seiende sei von Schwingungen durchdrungen. Beweise dafür glaubte Jenny bspw. in seinen Untersuchungen zu Schwingungen bei Wasser und entsprechenden Mustern gefunden zu haben: *„In einem schwingenden Wassertropfen bilden sich harmonische Muster mit polygonaler Symmetrie – Zweieck, Dreieck, Viereck, Fünfeck, Sechseck, Achteck, Zehneck und Zwölfeck – die sich in ungeheurer Vielfalt bei Pflanzen und Tieren wiederfinden*[25].*"*

Insofern waren für Jenny seine mehr oder weniger Entdeckungen Abbilder der Natur bzw. jeglichen Seins in ihrem/ seinem je

---

[22] Abgefragt am 31.03.2015 von http://www.windmusik.com/html/chladni.htm
[23] Ebd.
[24] Rudolf Steiner hatte sich intensiv mit den naturwissenschaftlichen Schriften Goethes beschäftigt und hierüber die „Einleitungen zu Goethes Naturwissenschaftlichen Schriften (1884 – 1897)" verfasst. Ab 1915 wurde in dem Zusammenhang zunehmend von Goetheanismus gesprochen, wenn auf Goethes Methode Bezug genommen wurde. Abgefragt am 31.03.2015 von http://anthrowiki.at/Goetheanismus
[25] Abgefragt am 31.03.2015 von http://www.windmusik.com/html/chladni.htm

ablaufenden Werdungsprozess. Er sah Klangfiguren als Gebilde, die eine formale Ähnlichkeit zu Mustern und Gestalten bei oder von Lebewesen haben, wie etwa die Muster bei Zierfischen, Zebras, Schmetterlingen oder Pfauen, die allesamt unterschiedlich sind und sich im Laufe ihrer Lebenszeit verändern. Genauso auch die musterförmig anmutenden Galaxien oder Sonnensysteme und die elliptisch verlaufenden Bahnen von Planeten, so dass die Frage aufkommt: Gab es statt einem Urknall nicht vielmehr einen Urklang (ein Gedanke, der im Übrigen bereits schon bei den Pythagoreern im 6. Jh. v. C. eine Rolle spielte, die von Sphärenmusik bzw. Sphärenharmonie sprachen und sich damit auf die Erklärung der Entstehung des Kosmos bezogen; alles sei berechenbar und somit vorausbestimmt (Pythagoras von Samos: „Die Zahl ist das Wesen aller Dinge"))? Schaut man sich z. B. folgendes Chladnisches Muster auf einer runden Platte an, kommt man nicht umhin, Assoziationen zu der Zellteilung einer Körperzelle herzustellen, so dass man glauben könnte, alles Leben findet seinen Ursprung in Schwingungen und ist aufgrund seiner Schwingung oder Frequenz von Anfang an determiniert, eine bestimmte Form anzunehmen, so dass Jenny in dem Fall auch von einer „formbildenden Kraft" spricht, die diesen Klangfiguren zugrunde liege:

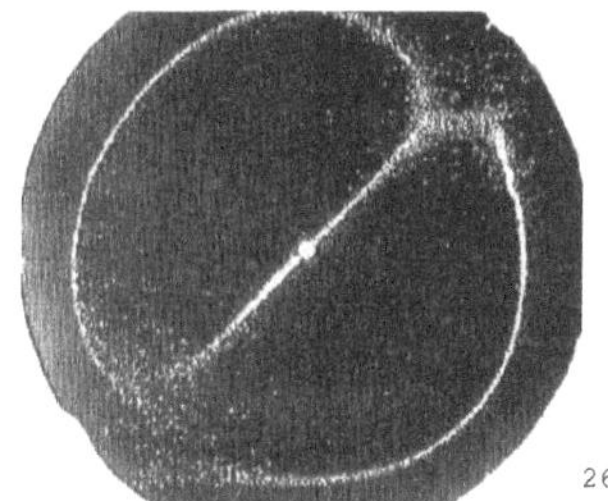
26

Mit diesen Vermutungen kommt man zwar einerseits in das Gebiet der Spekulationen, andererseits aber gibt es hierzu auch geistige Vorväter, die weit vor Christi Geburt liegen, und ähnliche Thesen aufstellten, wie sie etwa in Aristoteles' Entelechie-Begriffsbestimmung vorkommen, die er im neunten Buch der Metaphysik beschrieb (Metaphysik, IX, 8). Demnach sei alles Lebendige, jeder Organismus von Beginn an auf ein Ziel gerich-

---

26 Abgefragt am 31.03.2015 http://vorsam.uni-ulm.de/ASP/OArchiv_Images.asp?OrdnungsNr=SW-011

tet (Stichwort: Teleologie), auf ein Hinstreben seiner von Anfang an vorliegenden Formvollendung.

Am besten lässt sich dies abschließend mit Goethes Worten ausdrücken, die er zu dieser Thematik in seinem Gedicht „Die Metamorphose der Pflanzen" an einer Stelle auf den Punkt bringt:

„Alle Gestalten sind ähnlich, und keine gleichet der andern; und so deutet das Chor auf ein geheimes Gesetz"[27].

Und etwas weiter führt er dazu aus:

„Werdend betrachte sie nun, wie nach und nach sich die Pflanze,
stufenweise geführt, bildet zu Blüten und Frucht.
Aus dem Samen entwickelt sie sich, sobald ihn der Erde
stille befruchtender Schoß hold in das Leben entläßt
Und dem Reize des Lichts, des heiligen, ewig bewegten,
gleich den zartesten Bau keimender Blätter empfiehlt.
Einfach schlief in dem Samen die Kraft; ein beginnendes Vorbild
lag, verschlossen in sich, unter die Hülle gebeugt,
Blatt und Wurzel und Keim, nur halb geformet und farblos;
trocken erhält so der Kern ruhiges Leben bewahrt"[28].

Es mag also sein, dass allem Seienden ein Gesetz zugrunde liegt, das wir noch nicht kennen und das eine „Substanz über der Materie" beschreibt. Ob hier die Chladnischen Klangfiguren zu einer Erklärung beitragen können, bleibt allerdings eher weiterer zukünftiger Forschung überlassen.

---

[27] Abgefragt am 31.03.2015 http://gutenberg.spiegel.de/buch/johann-wolfgang-goethe-gedichte-3670/203
[28] Ebd.